LA DESTRUCTION DE L'HABITAT

L'édition originale de cet ouvrage
a paru sous le titre : *Habitat Destruction*

28 Percy Street, London W1P 9FF

Adaptation française de Christel Delcoigne

D/1992/0195/11
ISBN 2-7130-1295-3
(édition originale : ISBN 0 7496 0550 2)

Exclusivité au Canada :
Les Éditions Héritage Inc., 300, avenue Arran
Saint-Lambert, Québec, J4R 1K5
Dépôts légaux, 1er trimestre 1992
Bibliothèque nationale du Québec
Bibliothèque nationale du Canada
ISBN 2-7625-6930-0

Imprimé en Belgique

L'auteur, Dr Tony Hare, est écrivain, écologiste et présentateur à la télévision. Il collabore aux travaux de plusieurs associations, y compris le *London Wildlife Trust*, la *British Association of Nature Conservationists* et *Plantlife* dont il préside le conseil.

Les conseillers : Mark Cocker est écrivain et naturaliste indépendant. Il vit à Norwich dans le comté de Norfolk en Grand-Bretagne.

Jacky Karas est conseillère en environnement pour les Amis de la Terre. Avant cela, elle était chef de travaux à la *Climatic Research Unit* de l'université d'East Anglia.

Les éditeurs désirent faire remarquer que les photographies reproduites dans ce livre ont été réalisées grâce à des modèles qui posent, ou ont été obtenues par des agences photographiques.

SAUVONS NOTRE PLANÈTE

LA DESTRUCTION DE L'HABITAT

TONY HARE - CHRISTEL DELCOIGNE

ÉDITIONS GAMMA - ÉDITIONS HÉRITAGE INC.

SOMMAIRE

INTRODUCTION

Partout, les hommes changent la face de la Terre. Des étendues de terres sauvages sont défrichées pour construire des routes et développer les villes. Nos usines, voitures et centrales empoisonnent l'environnement avec des gaz polluants et des déchets chimiques. En transformant notre environnement, nous détruisons la « maison » des plantes et des animaux.

Les êtres vivants ont évolué pendant des millions d'années pour pouvoir survivre dans certains milieux. Une fois leur milieu détruit, les plantes et les animaux ne peuvent pas toujours s'adapter à de nouvelles conditions et risquent de s'éteindre. Des dizaines de milliers d'espèces sont déjà en voie d'extinction. C'est là le résultat des activités de l'homme.

Mais l'homme, lui aussi, peut souffrir de la destruction de l'habitat. Ainsi, le déboisement des forêts dans les hauts plateaux de l'Éthiopie a provoqué l'érosion massive du sol, ce qui a conduit à l'échec des récoltes et à la disette. Et il faut encore considérer l'avenir ; les plantes et les animaux constituent une source importante de nourriture et de médicaments. Si des espèces disparaissent, leur potentiel restera à jamais inconnu.

Marais, forêts, prairies et jungles sont détruits à un rythme effréné. Les récifs de corail, les « forêts tropicales des océans », sont menacés partout sur la Planète. Nous devons contrôler les dégâts que nous occasionnons à l'habitat pour qu'à l'avenir, il soit encore une ressource précieuse.

◁ Des étendues de la forêt tropicale d'Amazonie sont brûlées pour fournir des pâturages au bétail. La vie sauvage qui s'est développée en ces lieux se déplacera, si elle survit à la destruction. La moitié des forêts tropicales du monde ont déjà été détruites. Chaque année, une surface équivalente à celle de la Grande-Bretagne est abattue.

L'EXPLOSION DÉMOGRAPHIQUE

Chaque jour, 230 000 bébés naissent. Ils viennent s'ajouter aux 5 milliards d'êtres humains. Depuis que tu as commencé à lire cette page, 25 nouveau-nés sont venus au monde. L'explosion démographique menace l'habitat. De plus en plus de régions sauvages doivent être défrichées pour fournir à l'homme nourriture, ressources et surfaces habitables.

Les progrès en médecine de ces deux derniers siècles ont permis à l'homme de vivre plus vieux. Cependant, dans les pays pauvres, des soins médicaux de qualité ne sont pas toujours disponibles et beaucoup d'enfants meurent. Les familles de ces régions comptent sur le nombre pour gagner de l'argent ou cultiver les terres. Les femmes font davantage d'enfants au cas où certains mourraient. Les familles s'appauvrissent encore parce qu'elles doivent lutter pour nourrir leurs enfants. À mesure que leur pauvreté s'accroît, elles sont obligées de défricher des terres sauvages pour les cultiver.

▽ ◁ En l'an 10 ap. J.-C., la population mondiale tournait autour de 250 millions d'habitants. Elle atteindra les 6 milliards en l'an 2 000. Près de la moitié de la population vit aujourd'hui en ville. L'expansion des régions urbaines a été particulièrement rapide dans les pays pauvres, étant donné que les gens ont quitté la campagne pour chercher du travail en ville. Souvent, ne trouvant aucun emploi, ils finissent dans les bidonvilles qui naissent en bordure des zones urbaines. De cette manière, les régions urbaines s'étendent aux dépens des terres incultes.

▽ Les méthodes modernes de culture produisent assez de nourriture pour subvenir aux besoins de la Planète, mais si la population continue à grandir, elles ne suivront plus.

L'HABITAT ENDOMMAGÉ

L'accroissement de la population mène à une plus grande demande en habitations et industries ; les besoins croissants de nourriture exigent plus de terres cultivables. Cela signifie souvent remplacer les terres incultes par un environnement créé par l'homme.

Les terres cultivables couvrent 15 millions de km² de la surface émergée du Globe. Ceci représente presque toutes les terres de notre Planète qui sont facilement cultivables ; en effet, la glace, les montagnes et les déserts représentent un grand pourcentage de la surface terrestre. Beaucoup de terres agricoles actuellement cultivées sont endommagées par les fermiers qui essaient d'en retirer toujours plus. Il se peut qu'à l'avenir, le sol perde sa fertilité et nous oblige à rechercher de nouvelles terres cultivables.

Dans beaucoup d'autres cas, les terres sont indispensables : la construction des routes, industries, mines et barrages signifie souvent la disparition de certains habitats et la dislocation d'autres.

△ Bien que la croissance de la population dans les pays riches soit lente, ceux-ci utilisent beaucoup plus de ressources que les pays pauvres. L'extraction des ressources peut détruire l'habitat. Ainsi, le cuivre extrait de cette mine de l'Utah servira probablement à fabriquer des fils ou des tuyaux, mais la montagne ne sera plus jamais la même. De grandes quantités de roche sont enlevées ou détruites à l'explosif, perturbant l'environnement des plantes et animaux.

L'agriculture peut souvent provoquer une pollution qui nuit à l'habitat. L'agriculture moderne emploie en effet des engrais qui facilitent la croissance des plantes, et des pesticides qui tuent les insectes nuisibles. Les pesticides peuvent également tuer d'autres êtres vivants. Les engrais peuvent finir dans les eaux et les polluer.

QUELQUES CAUSES DES DÉGÂTS À L'HABITAT

Dans les villes, les usines déversent leurs déchets dans le sol et l'eau. Une partie de ces déchets sont très nuisibles aux êtres vivants.

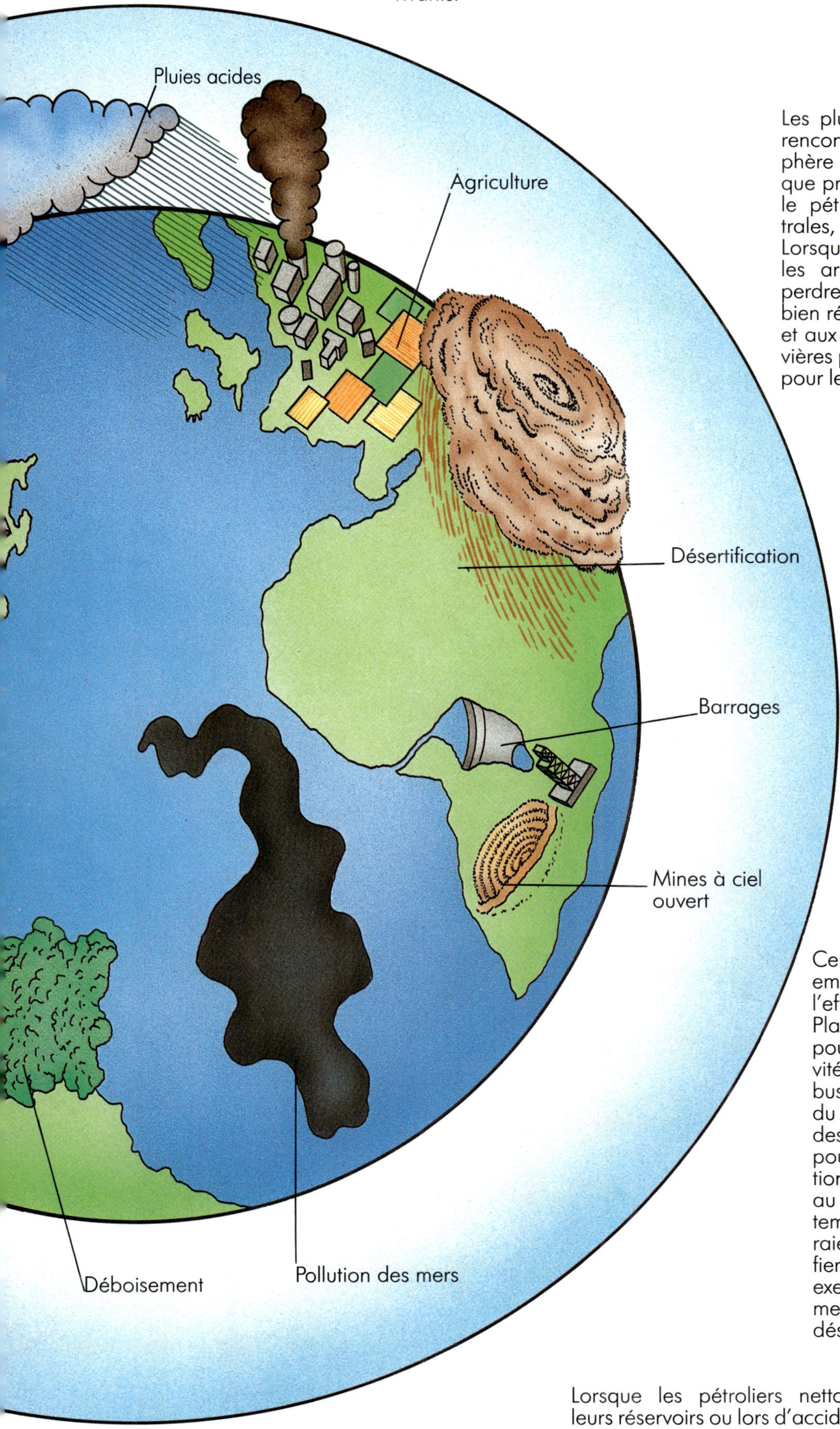

Les pluies acides résultent de la rencontre entre l'eau de l'atmosphère et la pollution atmosphérique provoquée par le charbon et le pétrole brûlés dans les centrales, les voitures et l'industrie. Lorsque les pluies acides touchent les arbres, ceux-ci risquent de perdre leurs feuilles ou de moins bien résister aux insectes nuisibles et aux maladies. Les lacs et les rivières peuvent devenir trop acides pour les êtres vivants.

Certains gaz dans l'atmosphère emprisonnent la chaleur. C'est là l'effet de serre grâce auquel notre Planète a la température idéale pour la vie. Cependant, les activités humaines, comme la combustion du charbon, du pétrole et du gaz, augmentent la quantité des gaz à effet de serre. Ceci pourrait aboutir à une augmentation des températures terrestres et au réchauffement du Globe. Des températures plus élevées pourraient perturber le climat et modifier de nombreux habitats. Par exemple, des régions actuellement sèches pourraient devenir désertiques.

Lorsque les pétroliers nettoient leurs réservoirs ou lors d'accidents de navigation, le pétrole s'écoule en mer et peut affecter la faune et la flore.

LA SUREXPLOITATION

Surexploiter une ressource, c'est l'utiliser jusqu'à ce qu'elle soit épuisée ou trop endommagée. Les habitats du monde entier sont menacés : nous portons atteinte à leurs facultés de fournir des ressources à l'avenir.

Les herbages sont l'idéal pour les animaux qui paissent et pour le bétail. Toutefois, en cas de surpâturage, l'herbe ne parvient pas à pousser suffisamment vite pour suivre le rythme. Comme la terre est dépouillée de végétation, le sol est exposé et peut être balayé ou lessivé. Les plantes ne peuvent plus repousser et les animaux sauvages et domestiques perdent leur habitat.

Les océans sont également surexploités. Ils nous procurent des ressources alimentaires essentielles. Mais ces dernières années, nous avons pêché toujours plus de poisson grâce à des équipements tels que des filets dérivants qui s'étirent sur des kilomètres. On assiste par conséquent à une grave diminution du nombre de certaines espèces de poissons. Or, si certaines espèces disparaissent, l'écosystème entier peut être perturbé.

▽ Dans le sud du Sahara, le bétail a trop brouté les herbes sèches. Les plantes facilitent le recyclage des pluies en libérant de l'humidité par leurs feuilles. Lorsque la végétation disparaît, la région devient plus sèche. Des millions de personnes sont touchées par la sécheresse dans cette région d'Afrique, et les animaux sauvages qui avaient coutume d'y errer ont perdu leur habitat. C'est le cas entre autres des guépards, gazelles et antilopes.

QUELQUES EFFETS DE LA SUREXPLOITATION

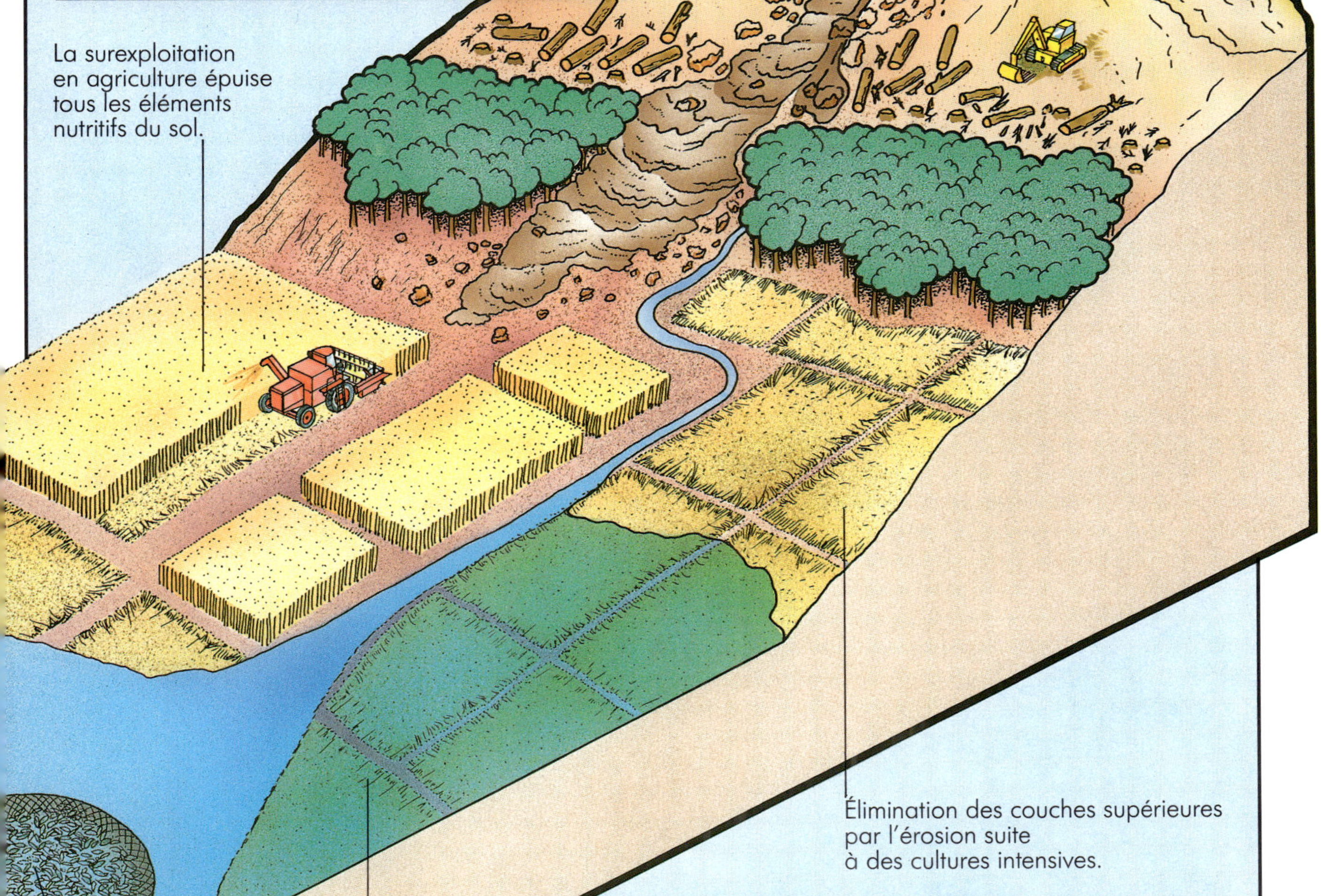

Produire de la nourriture peut nuire à la terre. L'agriculture peut épuiser les éléments nutritifs du sol. Le sol se dessèche alors et peut être balayé par le vent. Chaque année, les États-Unis perdent ainsi assez de sol pour emplir un train suffisamment long pour faire plus de 20 fois le tour de la Planète. Les forêts sont exploitées pour le bois d'œuvre. Si l'on coupe les arbres des régions montagneuses plus vite qu'ils ne poussent, les pentes resteront nues, et la pluie provoquera éboulements et inondations.

LES MARAIS

Les marais comprennent les marais salants et les mangroves le long des côtes, ainsi que les marais d'eau douce et les marécages, présents le long des lacs, des rivières et là où il y a des inondations régulières. Avec leur mélange d'eau et de terres, et leur végétation allant des roseaux aux arbres, les marais sont l'habitat de milliers d'espèces. Beaucoup d'oiseaux rares s'y reproduisent.

Les marais sont précieux pour l'homme. Les deux tiers des poissons que nous consommons dépendent des marais situés le long des côtes, à un moment de leur vie. Les marais empêchent les inondations en absorbant l'eau, et leurs herbes peuvent filtrer l'eau et capter la pollution. En Hongrie, les tourbières filtrent les déchets des usines de traitement des eaux d'égout.

La Birmanie, le Pakistan, le Bangladesh et la Malaisie ont perdu la moitié de leurs marais. Beaucoup ont été drainés pour fournir des terres arables. En Afrique, les projets d'irrigation et les barrages vont détruire les marais, si importants pour l'équilibre écologique.

▷ Le delta de l'Okavango, au Botswana, est l'habitat de nombreux oiseaux qui nichent dans les herbes des marais. Une partie de ce delta est menacée par le projet de dévier le cours d'eau qui l'alimente afin d'approvisionner en eau les villages voisins.

▽ L'une des principales menaces pour les marais est qu'ils peuvent être transformés par drainage en terres de très bonne qualité. Des canaux sont creusés pour drainer l'eau. Une fois séchée, la terre peut être cultivée. Cette méthode est utilisée depuis 100 ans dans les Everglades, au sud de la Floride. Toutefois, les frayères et l'habitat des oiseaux en paient les conséquences. Certains pensent qu'il est possible d'utiliser les marais dans leur état naturel: pour la pisciculture, par exemple. Si c'est fait avec soin, cela pourrait rapporter nourriture et argent, tout en maintenant l'habitat des animaux et des plantes.

▽ La sarracénie se développe dans un terrain imbibé d'eau, aux côtés d'une grande variété de roseaux. Le crocodile est un prédateur des marais dans les régions tropicales. Caché sous l'eau, sauf les yeux et les narines, le crocodile, invisible, approche sa proie. Il se nourrit principalement de poissons.

LES FORÊTS

Les forêts permettent la régulation du climat en recyclant l'humidité. Elles empêchent l'érosion du sol puisque les racines des arbres absorbent l'eau et que les feuilles arrêtent les gouttes de pluie. Les forêts abritent de nombreux oiseaux, mammifères, insectes et plantes. Les pins aristés des montagnes Rocheuses aux États-Unis sont les plus vieux arbres au monde; certains n'étaient encore que de jeunes plants il y a 4 500 ans.

Les forêts nous ont toujours fourni du bois de chauffage et du bois pour la construction. Ses autres ressources vont des fruits aux médicaments. Un quart environ des médicaments importants sont à base de plantes de la forêt tropicale. Or, d'ici l'an 2 000, la plupart des forêts tropicales auront été sacrifiées au bois d'œuvre, à l'agriculture, à l'exploitation minière et aux pâturages. D'énormes superficies de forêts européennes ont été empoisonnées par les pluies acides. Il y a 1 000 ans, les forêts couvraient la moitié des surfaces émergées; aujourd'hui, elles n'en recouvrent plus qu'un cinquième.

▽ Les bois qui s'étendaient jadis sur les régions tempérées (entre les régions polaires et les tropiques) ont été très réduits par les activités humaines. Environ 90% des forêts de conifères du nord-ouest des États-Unis ont été défrichés par les bûcherons. Plus au sud, où les grands feuillus poussent sur un terrain idéal pour l'agriculture, seuls quelques îlots d'arbres isolés survivent au milieu d'une mer de terres cultivées. C'est ce qui s'est également produit dans beaucoup de pays européens.

△ ▷ Le singe-écureuil des forêts tropicales d'Amérique latine est un des nombreux exemples d'espèces touchées par la destruction de la forêt. Au cours de ces deux derniers siècles, l'Afrique a perdu 52% de ses forêts tropicales, l'Asie 42% et l'Amérique latine 37%. Les plus grandes pertes sont dues à la culture par épuisement du sol. C'est ce qui se produit quand des fermiers pauvres défrichent une parcelle de forêt pour la cultiver. Le sol s'appauvrit et ne peut être cultivé très longtemps. Les fermiers doivent alors se déplacer et s'installer sur une nouvelle parcelle. Pour sauver la forêt, il faut que nous aidions les pauvres à survivre en utilisant les ressources de la forêt sans l'endommager.

MENACES POUR LA FORÊT TROPICALE

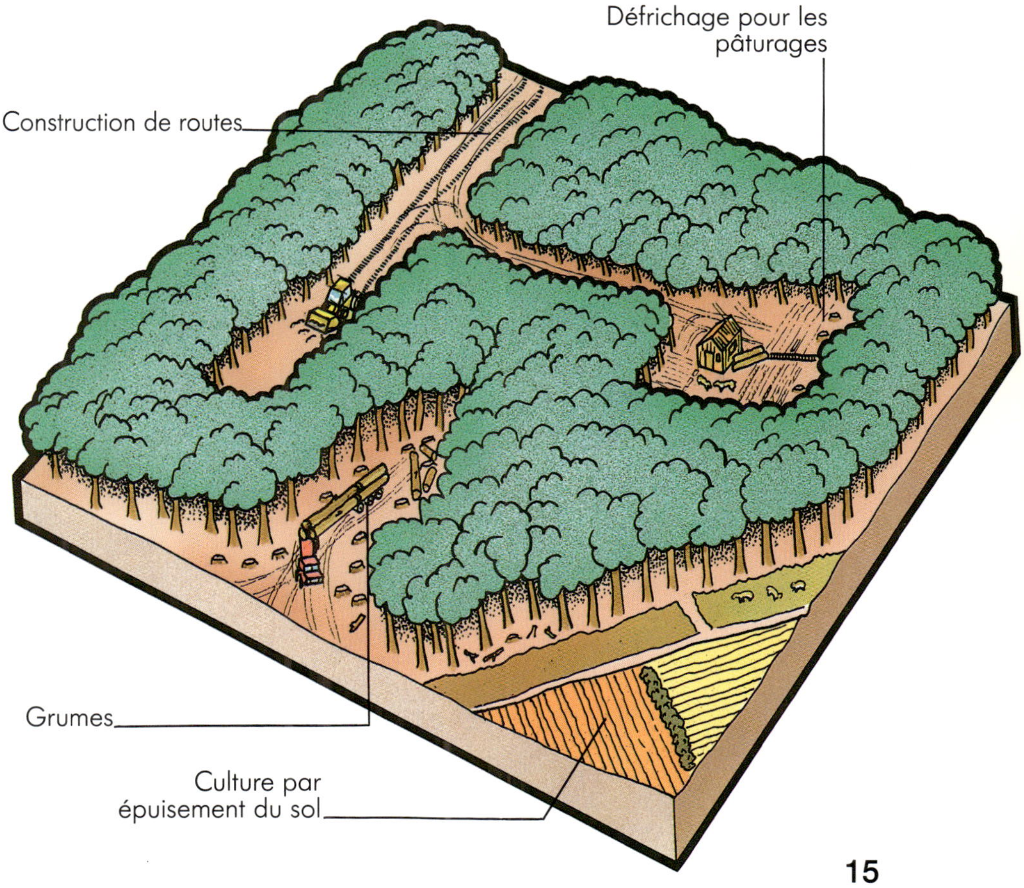

LES ASSOCIATIONS HERBEUSES

Les associations herbeuses vont de la savane africaine aux steppes asiatiques. Il s'agit d'endroits où les étés chauds, les hivers rigoureux, les feux naturels et les pâturages excessifs empêchent les arbres de pousser. Les savanes africaines abritent quelques-uns des animaux les plus connus au monde, tels que lions, girafes, zèbres et éléphants. Les associations herbeuses abritent également du bétail et des chèvres ; mais s'ils sont trop nombreux, ils broutent l'herbe plus vite qu'elle ne peut pousser. Sur cette terre dénudée, la pluie et le vent balayent le sol. C'est alors que la terre devient désertique.

▽ La désertification menace la vie d'un cinquième des habitants de la Planète. En bordure de déserts, le vent peut souffler le sable sur des terrains défrichés ou érodés. La Chine et l'Inde ont toutes deux planté des « murs » d'arbres qui font office de barrière pour arrêter l'avancement des dunes. L'excès de pâturage et de culture du sol est la cause principale de la désertification.

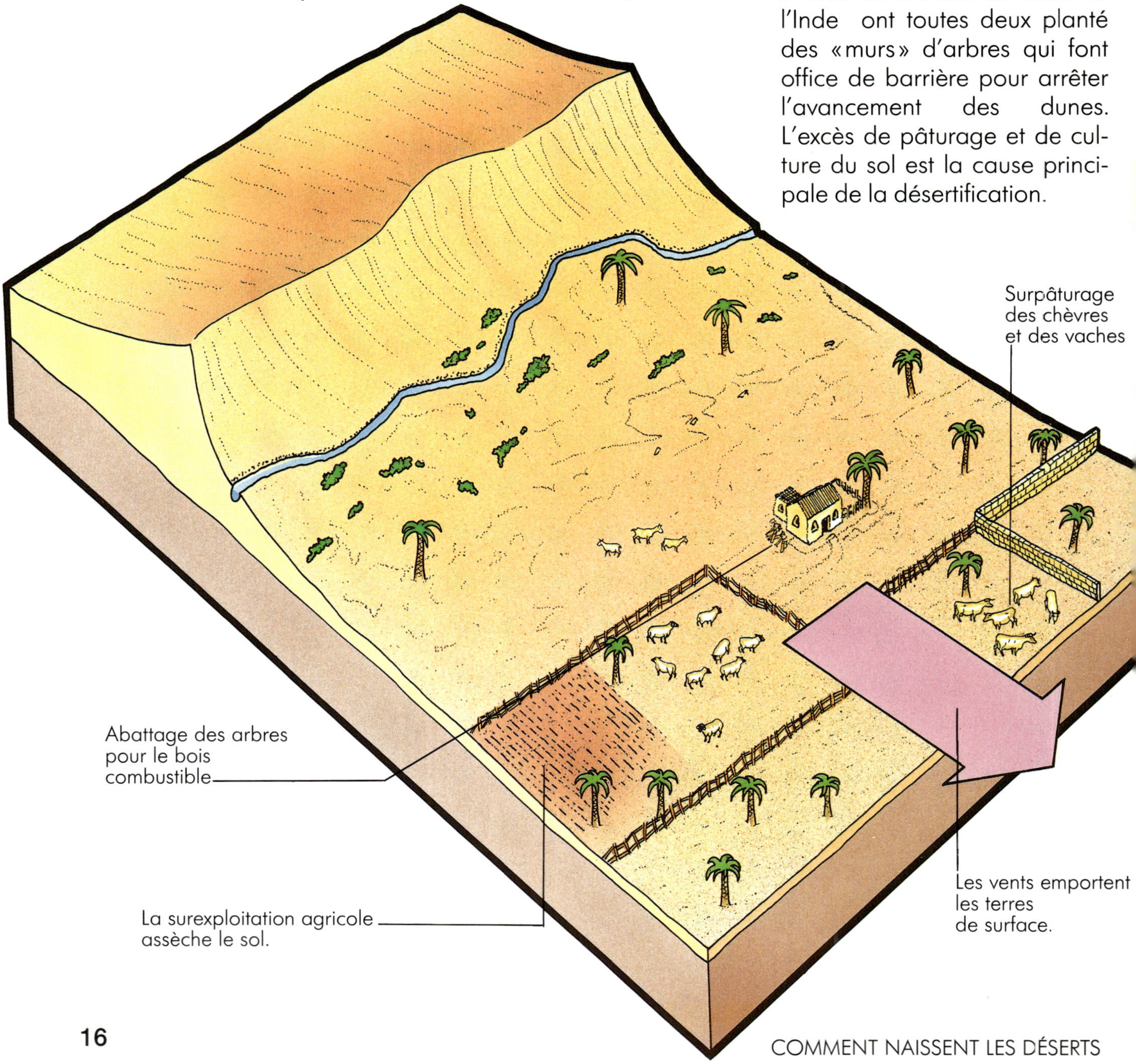

La désertification a particulièrement lieu en bordure des déserts et dans des régions sèches. Mais le surpâturage n'est pas la seule explication. Les associations herbeuses sont souvent converties en terres arables, où l'on cultive blé et coton. Ces cultures épuisent le sol, trop sec pour encore supporter de la végétation. En Afrique, la désertification est aggravée par le fait que beaucoup d'habitants ont besoin de bois pour se chauffer et cuisiner. Or, les arbres protègent le sol de l'érosion. Lorsqu'ils sont coupés, le sol est exposé au soleil et au vent. Près de 30 % des surfaces de terres de la Planète seraient sur le point de devenir des déserts.

◁ ▽ Les animaux et les plantes se développent dans les régions herbeuses comme la pampa d'Amérique du Sud, une prairie d'Amérique du Nord ou un pré d'Europe (ci-contre). Les fleurs y sont abondantes et fournissent de la nourriture aux insectes. Les ruminants tels que le cerf se nourrissent des plantes. Mais lorsque les herbes sauvages sont remplacées par des cultures ou par de l'herbe à croissance rapide telle que de l'ivraie vivace (ci-dessous), la faune indigène disparaît. Les pesticides exterminent les insectes et réduisent les réserves alimentaires des oiseaux et petits mammifères. Les cerfs sont abattus s'ils viennent brouter les récoltes. Les chiens de prairie ont quasiment été exterminés par les fermiers lorsque les herbages d'Amérique du Nord ont été remplacés par des pâturages et des exploitations agricoles.

L'EAU DOUCE

L'eau douce représente moins de 1% de l'eau du monde. Toutes les formes de vie dépendent de l'eau.

L'homme a modifié de nombreux habitats d'eau douce. Des cours d'eau ont été endigués, inondant les terres alentour dont dépendent des animaux tels que les castors. Les barrages bouchent le passage des saumons qui remontent les rivières pour frayer. Certaines sont approfondies pour permettre le passage des bateaux, ce qui perturbe les animaux des fonds.

Nous utilisons les rivières pour y déverser nos déchets. Partout, les eaux usées des villes et les produits chimiques des usines sont déversés dans les cours d'eau, empoisonnant faune et flore aquatiques. En Inde, le Gange est très pollué par les eaux sales résultant des activités humaines et animales. En Pologne, les eaux de la Vistule ne peuvent pas être employées pour l'industrie. Les engrais provenant des terres cultivées sont un des principaux polluants des eaux douces en Amérique du Nord et en Europe.

▽ Les lacs de montagne retirés, comme celui-ci au Canada, semblent purs et intacts. Pourtant, même ces lacs peuvent être pollués. Les pluies acides tombent en effet partout, et elles ont un effet particulièrement pernicieux sur l'eau douce des lacs et des cours d'eau. Dans le sud de la Norvège, sur cinq lacs et rivières, quatre sont trop acides pour que les poissons y survivent.

△ L'eau douce abrite de nombreux êtres vivants. Si l'eau est contaminée par des déchets, la faune et la flore peuvent en mourir.

▷ L'eau contenue dans les roches du sous-sol s'appelle eau souterraine. La moitié de l'eau potable aux États-Unis provient de là. La couche supérieure de ces eaux s'appelle niveau phréatique. Les cours d'eau prennent généralement naissance là où la nappe phréatique rencontre la surface du sol. Si l'on fore un puits dans les roches, l'eau peut en être extraite. Mais à mesure que l'eau est pompée, le niveau phréatique baisse, ce qui assèche le lit du cours d'eau entre l'ancien et le nouveau niveau phréatique.

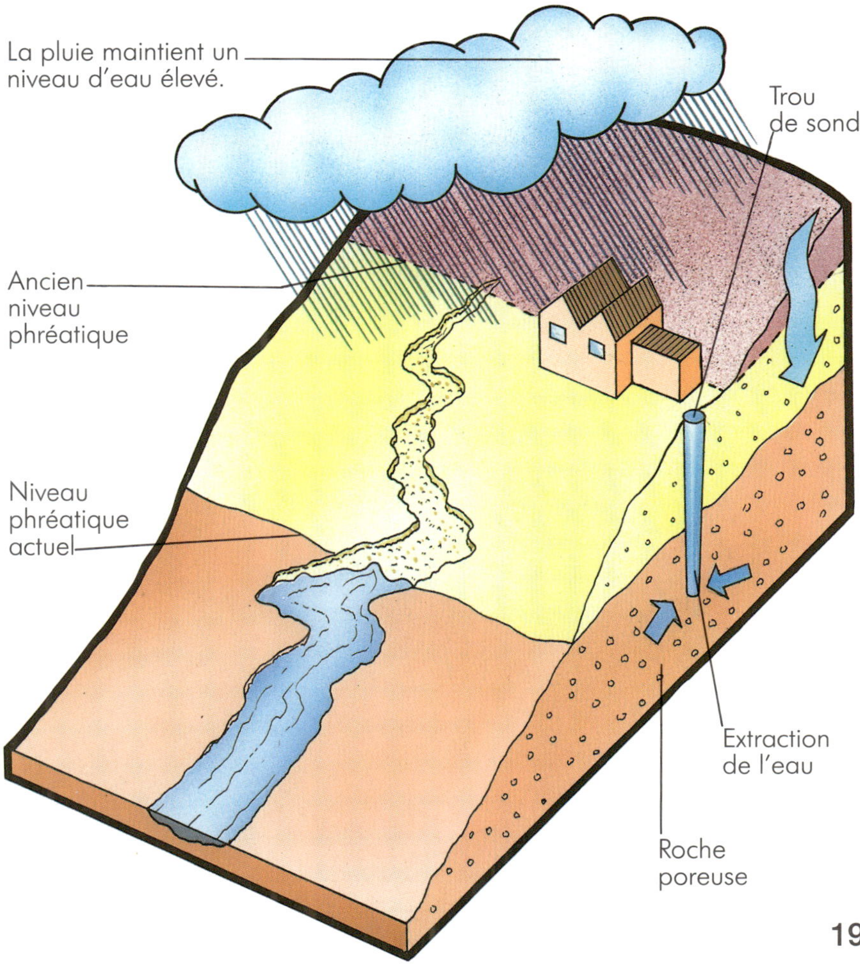

LES MERS ET LES CÔTES

La plus grande partie de l'eau sur Terre est contenue dans les mers qui recouvrent environ les trois quarts du Globe. La mer nous livre le quart des protéines consommées dans le monde. Les océans fournissent d'autres ressources, telles que pétrole, sel, métaux et sable.

L'immensité des océans ne les met pas à l'abri de la pollution. Les scientifiques pensent que beaucoup de pêcheries ont été surexploitées. La pollution engendrée par le pétrole, les eaux usées, les déchets d'usines et les pesticides est également à l'origine de problèmes. Le déversement d'eaux d'égout en mer Méditerranée a conduit à la formation locale d'immenses conglomérats d'algues qui épuisent l'oxygène contenu dans l'eau, provoquant l'asphyxie du monde marin.

L'habitat côtier est l'endroit le plus endommagé des mers. Les côtes sont également menacées par des projets de construction tels que les infrastructures touristiques. Un autre danger les menace : le réchauffement du Globe pourrait entraîner une hausse du niveau des mers, inondant les terres basses, comme le delta du Nil.

▽ ▷ Les mangroves se situent le long de nombreuses plages boueuses des tropiques. Elles sont importantes car elles abritent de nombreux poissons. Environ 90% des poissons pêchés dans les Caraïbes dépendent des mangroves à une étape ou l'autre de leur cycle. Beaucoup de ces marais ont été développés pour la pisciculture. Les arbres qui y poussent sont abattus pour le bois d'œuvre qu'ils fournissent ou pour étendre les terres arables et les villes. En 1991, une immense nappe de pétrole provoquée au cours de la guerre du Golfe a menacé les mangroves dans le golfe Persique. Partout dans le monde, les mers et les côtes sont endommagées par les déchets qui sont rejetés en mer.

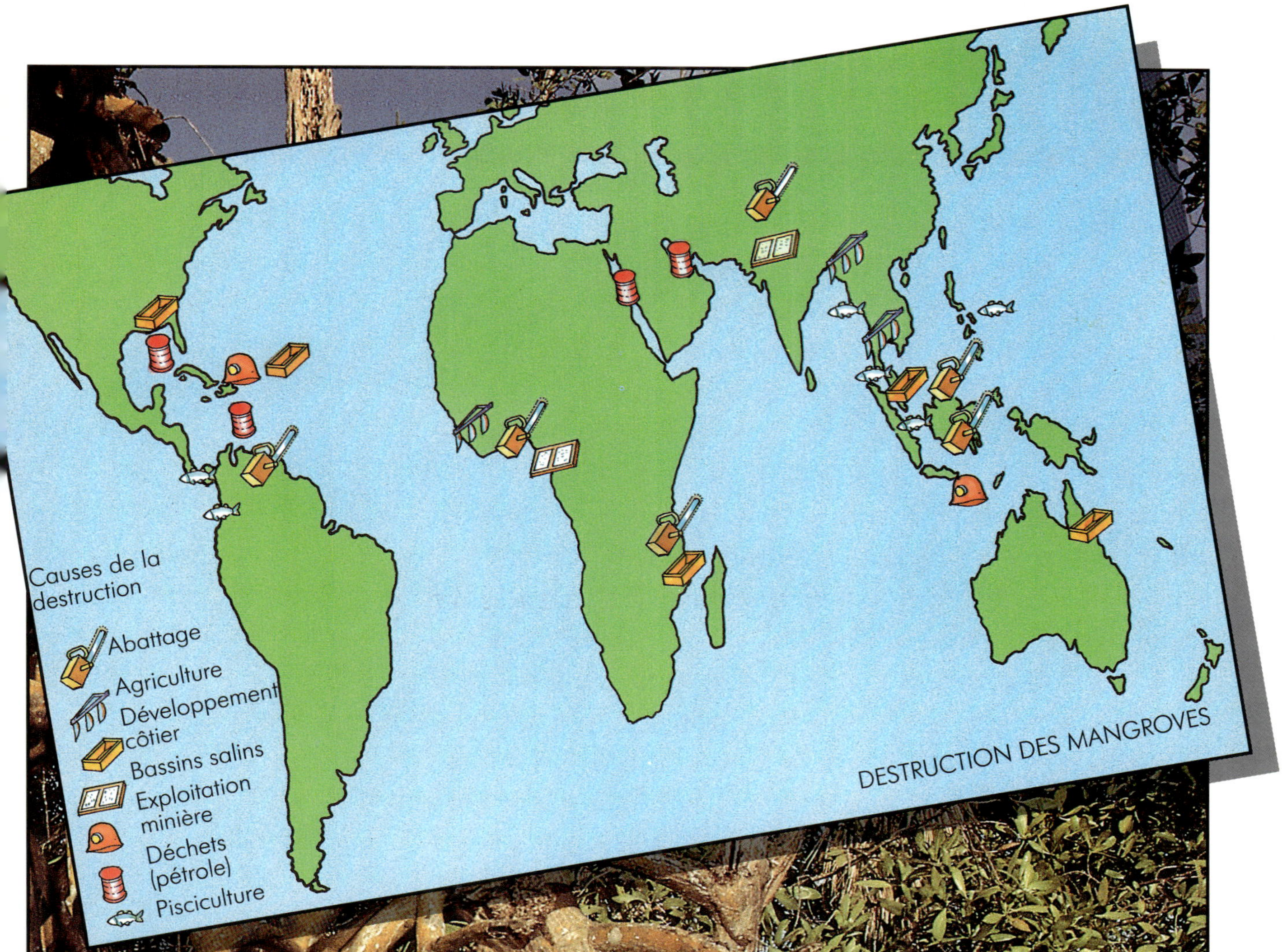
Causes de la destruction
Abattage
Agriculture
Développement côtier
Bassins salins
Exploitation minière
Déchets (pétrole)
Pisciculture
DESTRUCTION DES MANGROVES

LES MONTAGNES

Des plantes et des animaux bien adaptés vivent sur les pentes des montagnes. Les chèvres et moutons de montagne ont un remarquable équilibre qui leur permet d'atteindre les hautes roches. Les plantes, elles, poussent près du sol, ce qui les protège du vent sec et glacial.

Les habitants des régions montagneuses aménagent souvent les versants en terrasses pour les cultures. Les montagnes sont importantes pour les gens qui vivent à leur base également. Les forêts absorbent la pluie et libèrent peu à peu l'eau qui va alimenter les cours d'eau et les rivières en aval. Sans ces arbres, les versants abrupts sont dénudés. La moitié des arbres de l'Himalaya au Népal ont été abattus, et des éboulements ont enseveli des villages entiers. Des inondations ont également lieu durant les périodes de fortes pluies. Dernièrement, le Népal a tenté d'inverser ce processus en payant les villageois pour qu'ils replantent des arbres et resèment de l'herbe afin de stopper l'érosion.

▽ ▷ La chaîne des Alpes est la plus connue d'Europe. Les bouquetins (ci-dessous), qui ont failli disparaître, y sont aujourd'hui protégés. Ils sont plus nombreux sur les pentes des montagnes. Par contre, les forêts souffrent aujourd'hui de la pollution atmosphérique engendrée en partie par le trafic sur les routes de montagnes. Ajoutons à cela les touristes ! Les pays européens qui sont traversés par les Alpes sont de plus en plus concernés par la protection de cette chaîne de montagnes.

LES CAUSES DE LA DESTRUCTION DES HABITATS DE MONTAGNE

RÉCHAUFFEMENT DU GLOBE

Les plantes et les animaux adaptés aux habitats froids et élevés de la montagne pourraient voir changer leur milieu si les températures augmentent. Ils pourraient ne pas être capables de s'adapter.

CONSTRUCTION

Des infrastructures touristiques sont construites en montagne pour les excursionnistes et autres touristes. La Suisse possède des milliers d'hôtels qui couvrent l'équivalent de 15 000 terrains de football (soccer).

LES PLUIES ACIDES

Les pluies et la neige des régions industrielles sont acides. Elles endommagent les feuilles des arbres et peuvent nuire au sol, rendant difficile le développement des plantes.

DÉTENTE ET LOISIRS

Des millions de gens vont en montagne faire du tourisme et explorer les lieux à pied ou à ski, en voiture ou à vélo. Ces activités peuvent user le sol et abîmer la végétation.

SURPÂTURAGE

Les prés et herbes sont l'idéal pour le pâturage, mais si les animaux sont trop nombreux, ils risquent de mettre la région à nu et de provoquer l'érosion du sol.

REBOISEMENT

Le reboisement apparaît comme une solution. Cependant, planter des arbres peut aussi mener à une perte d'habitat. Les plantations devant fournir du bois d'œuvre sont souvent faites d'un seul type d'arbres et fournissent un environnement très limité aux animaux.

SAUVEGARDER L'HABITAT

Beaucoup de personnes en appellent au maintien d'endroits sauvages au sein des réserves naturelles où l'habitat, les plantes et les animaux sont protégés. Quelque 3% des surfaces de terres de la Planète sont désormais consacrés aux réserves naturelles.

Les réserves contribuent à sauvegarder beaucoup d'espèces qui risquent l'extinction. Cependant, la conservation de l'habitat est vouée à l'échec sans la coopération des populations locales. Beaucoup de pays ont établi des réserves qui profitent à ces populations. La Nouvelle-Guinée protège ses marais, mais elle permet aux villageois de mener leur mode de vie traditionnel pour autant qu'ils ne fassent pas de tort à la réserve. La pauvreté est l'une des principales causes de la destruction de l'habitat; les projets de conservation qui fournissent quelques revenus à ceux qui vivent dans la région auront donc le plus de succès. En s'attaquant à la pauvreté, on réduira la nécessité d'avoir beaucoup d'enfants et la croissance de la population.

▽ Il est possible d'appliquer une gestion de soutien aux habitats naturels et artificiels. Cela signifie qu'il faut utiliser les ressources qu'ils offrent sans détruire le milieu. Les forêts tropicales en sont un exemple. Elles fournissent des produits tels que du caoutchouc et des cabosses que ces garçons récoltent sans abattre les arbres ni endommager la végétation. En 1990, le Brésil a créé quatre réserves dans lesquelles les récoltes se font selon les méthodes de la gestion de soutien.

Les milieux intelligemment conçus par l'homme prévoient souvent de la place pour les animaux et les plantes. Ainsi, beaucoup de fermes fournissent des conditions idéales aux oiseaux qui peuvent à leur tour aider les agriculteurs en mangeant les insectes nuisibles. Mais certains animaux ont besoin d'un habitat sauvage, loin des hommes. Les parcs nationaux, comme celui-ci au Kenya (ci-dessous), protègent de nombreuses espèces dans leur habitat naturel et permettent de gagner de l'argent grâce au tourisme.

QUE PEUX-TU FAIRE ?

Problème mondial, la destruction de l'habitat peut se traiter au niveau local. Ainsi, tu peux aménager un bois, un pré de fleurs des champs ou un étang en demandant à un agriculteur, à un conseiller communal, municipal ou régional, ou encore à ton école de te réserver un peu de terrain. Tu peux organiser avec des amis une manifestation afin de récolter de l'argent pour les organisations qui essaient de sauver l'habitat ou de réduire la pauvreté, soit près de chez toi ou dans d'autres pays. Tu peux aussi t'adresser aux organisations mentionnées ci-dessous.

Adresses utiles :

FRANCE

Greenpeace
28, rue des Petites Écuries
F-75010 Paris
Tél. : 01-47 70 46 89

Amis de la Terre
62 bis, rue des Peupliers
F-92100 Boulogne
Tél. : 01-49 10 04 57

CANADA

Greenpeace
2444, rue Notre-Dame Ouest
Montréal (Québec) H3J 1N5
Tél. : (514)933-0021

Amis de la Terre
455, rue St-François-Xavier
Montréal (Québec) H2Y 3J2
Tél. : (514)843-8585

BELGIQUE

Greenpeace
355, chaussée de Wavre
1040 Bruxelles
Tél. :02-647 87 65

Amis de la Terre
Place de la Vingeanne
5158 Dave
Tél. : 081-40 14 78

Compose une affiche.

L'une des actions les plus importantes est de sensibiliser l'opinion. Tu peux y participer en réalisant une affiche qui sera exposée dans ton école.

1) Trouve un titre accrocheur.

2) Imagine et dessine une illustration symbolique comme celle que tu vois ici ou procède à un montage d'illustrations extraites de revues de façon à « faire passer le message ».

3) Parcours cet ouvrage et essaye de résumer en 30 ou 40 mots les effets de la destruction de l'habitat et pourquoi il est important de s'en occuper.

4) Procède de même pour formule quelques suggestions destinées à protége les habitats qui disparaissent.

5) Complète ce travail en y ajoutant quel ques adresses utiles pour obtenir d'autres informations et de la documentation, ains que des suggestions pour créer de nou veaux habitats à l'avenir.

SAUVONS NOTRE MILIEU

À CAUSE DES ACTIVITÉS DE L'HOMME, LES MARAIS, JUNGLES, FORÊTS, HERBAGES, DÉSERTS, LACS ET OCÉANS SONT TOUS ENDOMMAGÉS. DES MILLIERS D'ESPÈCES SONT AUJOURD'HUI EN VOIE D'EXTINCTION. DANS QUELQUES DÉCENNIES, IL POURRAIT NE PLUS Y AVOIR DE LIEU SAUVAGE DU TOUT.

QUE PEUX-TU FAIRE ?

- ○ APPRENDRE AUX AUTRES À RESPECTER L'ENVIRONNEMENT
- ○ AMÉNAGER TA PROPRE RÉSERVE NATURELLE
- ○ T'APPLIQUER À LA SAUVEGARDE D'UN MILIEU EN DANGER DANS TA COMMUNAUTÉ

ADRESSES UTILES

DONNÉES FACTUELLES 1

Négligence
Certains habitats sont détruits par négligence. Les landes des basses terres européennes en sont un exemple. Ce sont des formations végétales où dominent les bruyères qui recouvrent le sol chaque été de leurs jolies fleurs violettes. Libellules, serpents et lézards y vivent, ainsi que quelques oiseaux peu communs, comme l'engoulevent qui, la nuit, chasse les insectes en volant le bec grand ouvert, et le hobereau, un petit faucon gris-bleu. La lande est née lorsque les gens ont défriché les arbres du sol sablonneux et pierreux afin de procurer des pâturages à leur bétail. Les animaux et les feux allumés délibérément pour éliminer les vieilles bruyères et encourager les nouvelles pousses ont empêché la repousse des arbres. Au cours de ce siècle, on a abandonné le pâturage dans les landes. Les moutons paissent aujourd'hui dans des pâturages modernes. Une fois délaissées, les landes se font envahir; ajoncs et fougères arborescentes poussent en premier lieu, suivis des bouleaux et des chênes. Finalement, un bois remplace la lande, ne laissant pas de place pour les plantes et les animaux qui y étaient adaptés.

Lande ouverte

Ajoncs, fougères et boule

Chênes et boulea

L'influence de la dette
Au fil des ans, les régions riches (Europe, pon, États-Unis) ont prêté de l'argent aux gions pauvres. Mais comme ces pays, prin palement d'Afrique, d'Asie et d'Améric latine, ont sombré dans la dette, il se sont core appauvris. Pour trouver de l'argent, sont obligés de surexploiter leurs ressourc naturelles, et d'endommager leur milieu.

Le tourisme
Si les contrées sauvages ne rapportent r aux indigènes, ils seront forcés de les re placer par des récoltes. Le tourisme p donc favoriser l'économie et protéger l'h tat. Au Rwanda, les touristes paient pour v les gorilles de montagne en liberté.

Des plantes dans le désert
La désertification est un problème majeur dans le monde. Planter des arbres dans le désert peut contribuer à stopper l'érosion et peut protéger les terres arables du vent. Cette méthode fut adoptée au Moyen-Orient, par exemple dans la péninsule d'Arabie (ci-contre). Les chercheurs essaient d'amener la pluie dans le désert. Plusieurs pays d'Afrique du Nord projettent d'utiliser des arbres artificiels pour générer des chutes de pluie. Durant la nuit, ces arbres en plastique absorbent l'humidité de l'air. Pendant la journée, ils libèrent peu à peu cette humidité, refroidissant ainsi l'atmosphère ambiante. On espère que cet effet rafraîchissant amènera la formation de nuages. La Libye prévoit de planter jusqu'à 40 000 arbres en plastique pour créer un nouveau cours d'eau dans la région sèche au sud.

Les mers en voie de disparition
Les besoins en eau pour l'irrigation et l'industrie, et en eau potable ont conduit à la destruction de nombreux milieux aquatiques. La mer d'Aral en Union soviétique a perdu plus de la moitié de ses eaux depuis les années 60. La superficie de ce grand lac a diminué d'un tiers. L'eau des rivières qui l'alimentent a été déviée afin d'irriguer les champs de riz et de coton. Quelque 800 000 hectares de marais alentour ont été asséchés, et d'anciennes communautés de pêcheurs sont désormais loin de l'eau. L'industrie de la pêche est morte, et les bateaux de pêche abandonnés jonchent le sol. Le lit du lac asséché s'étend sur des kilomètres.

DONNÉES FACTUELLES 2

Cultures organiques
Les entreprises agricoles peuvent aussi améliorer l'environnement. Dans leurs cultures organiques, les agriculteurs ont recours à des méthodes naturelles pour protéger leurs récoltes, plutôt qu'à des engrais chimiques et à des pesticides. Ils maintiennent les haies et les étangs fournissant un habitat aux oiseaux et grenouilles qui mangent les insectes prédateurs.

L'Antarctique
L'Antarctique occupe 10 % des surfaces de terres du Globe. Il abrite beaucoup d'animaux marins : pingouins, phoques, baleines et oiseaux de mer. Il contient aussi d'immenses réserves de charbon et d'autres minerais, ce qui le rend vulnérable à cause de l'exploitation. Cependant, de plus en plus de voix se font entendre en faveur de l'Antarctique.

GLOSSAIRE

Bétail - Animaux domestiques (vaches, cochons ou moutons) élevés pour leur cuir, leur lait ou leur viande, ou pour travailler dans les champs

Chaîne alimentaire - Système d'êtres vivants qui se nourrissent les uns des autres. Par exemple, les insectes se nourrissent de plantes et sont à leur tour mangés par des oiseaux. De grands oiseaux comme les aigles mangent ensuite les oiseaux plus petits. Si un maillon de la chaîne est endommagé, par la pollution par exemple, toute la chaîne peut en souffrir.

Désertification - Processus par lequel des terres sèches deviennent un désert. Cela peut arriver lorsque la végétation est dévorée par les animaux laissant le sol exposé à la pluie et au vent. Une culture trop intensive peut également priver le sol de sa fertilité. Les plantes ne peuvent alors plus pousser, ce qui laisse le sol à nu.

Gestion de soutien - Méthode de gestion du sol qui permet d'en retirer des bénéfices sans le détruire. Au Pérou, dans les montagnes des Andes, au lieu de remplacer les marais par des terres de culture, les Indiens récoltent des plantes sauvages dans les terres humides pour se nourrir.

Habitat - Tout endroit occupé par des êtres vivants. Les forêts, cours d'eau, marais, montagnes, jardins, océans et même les murs de briques sont des habitats.

Pluie acide - Pluie rendue acide lorsque l'humidité atmosphérique rentre en contact avec la pollution produite par l'industrie et les voitures. Elle peut endommager les arbres et le sol et rendre acides les lacs. Elle nuit à la santé.

Pollution - Présence dans l'environnement de substances en quantités nocives

Réchauffement du Globe - Certains gaz de l'atmosphère, tels que le dioxyde de carbone, emprisonnent la chaleur de la Terre qui est produite par le Soleil. Cela permet de maintenir la Planète à une température suffisante pour que la vie se développe. Cependant, les quantités toujours accrues de gaz polluants produits par les usines, les voitures et les centrales d'énergie pourraient maintenir de plus en plus de chaleur dans l'atmosphère et éventuellement provoquer des changements de climat importants.

Réserve naturelle - Zone dédiée à la protection des plantes et des animaux. Les réserves naturelles peuvent être aussi bien une petite mare dans une cour d'école qu'un grand parc national.

Surexploitation - Utilisation des ressources à un niveau tel que les réserves s'épuisent. La pêche intensive est un bon exemple: les poissons sont pêchés plus vite qu'ils ne se reproduisent. La surexploitation peut provoquer des dommages à long terme à l'habitat.

INDEX

Origine des photographies:
Couverture et pages 6, 6-7, 8, 17 (en bas à droite), 20 et 29 (en haut): Zefa; pages 4-5 et 30 (en haut): The Environmental Picture Library; pages 7, 10, 17 (en haut), 18, 22 et 30 (en bas): The Robert Harding Picture Library; page 11: Frank Spooner Pictures; page 12-13: Planet Earth Pictures; pages 13 (en haut), 17 (en bas à gauche), 25 (en haut) et 28: Bruce Coleman; pages 13 (en bas), 14, 24 et 29 (en bas): Hutchison Library; pages 15, 19 et 25 (en bas): Ardea; page 21: Oxford Scientific Films.

PRINTED IN BELGIUM BY proost INTERNATIONAL BOOK PRODUCTION